浪花朵朵

"算出"数学思维
地球
Planet Earth

[英]安妮·鲁尼 著

肖春霞 译

海峡出版发行集团 | 海峡书局
THE STRAIT PUBLISHING DISTRIBUTING GROUP

目录

算一算

作为一名自然生态探险队的队长，你的任务是运用所学的数学知识，去探索自然灾害、气候变化以及人类行为是如何影响世界上的不同地区的。

通过本书，你将了解到有关计数法、罗马数字、体积、小数以及其他数学知识，并学会运用它们来帮你解决难题，从而完成环球探险任务。

参考答案

这里给出了"算一算"部分的答案。翻到第 28—31 页就可验证答案。

你需要准备哪些**文具**？

在本书中，有些问题需要借助计算器来解答。可以询问老师或者查阅资料，了解怎样使用计算器。

笔

笔记本

直尺

环游世界

第一站你将来到中国，在这里你会看到很长一段时间以来人口的流动情况。

学一学 比大小

通常来说，如果能够从两个或者多个数里找出最大的数，对我们是很有帮助的。我们可以用大于号（>）、小于号（<）和等于号（=）这三个符号来表示数的大小关系。

< 表示符号左边的数小于右边的数。　　5 + 1 < 8

> 表示符号左边的数大于右边的数。　　6 - 2 > 1

= 表示符号左右两边的数相等。　　3 + 2 = 5

请你比一比下面两个中国城镇的人口变化情况。注意：符号 👤 表示 100 个人。

年份	城镇 A	城镇 B	总计
1900			
1950			
2000			

1900 年，城镇 A 有 900 人，城镇 B 有 700 人。因为 900 > 700，可以得出城镇 A 人口比城镇 B 多。

1950 年，城镇 A 有 800 人，城镇 B 有 800 人。因此可以得出城镇 A 人口数与城镇 B 人口数相等。

1950 年，城镇 A 和城镇 B 总人口数为 1600 人；2000 年，两个城镇总人口数为 1900 人。因为 1600 < 1900，可以得出 1950 年两个城镇总人口数少于 2000 年两个城镇总人口数。

4

〉算一算

假设你正在研究中国的一个城镇，这个城镇保存着很长一段时间以来的人口数量记录。记录中包含这个城镇的常住人口数，以及迁入和迁出的流动人口数。

年份	常住人口数	流动人口数
2008	234117	451
1721	268712	2312
1919	242419	740
1602	251991	5708
1871	239022	4219

1 1871 年与 2008 年相比，哪一年该城镇的总人口数更多？

2 从该表中，你可以找到的最早的人口数据是哪一年的？

3 请你将 "<" ">" 或 "=" 填入以下每组数之间。
242419 ○ 234117
234117 ○ 239022
251991 ○ 268712

4 请写出该城镇 1602 年的常住人口数。

5 该城镇的总人口数（常住人口与流动人口数量之和）最多的时候是哪一年？

6 请按照从低到高的顺序，将该城镇的总人口数在你的笔记本上依次列出来。

间歇泉

这一站你来到了冰岛，你的任务是记录一个间歇泉的喷发情况。间歇泉是间断喷发的天然温泉，每隔一段时间会喷发大量沸水到空气中，多存在于火山运动活跃的区域。

学一学 计数法 与频数表

不同类型的数据可以用数数或者计数的方式进行记录，计数法相比一个一个地去数数更简单，因为你只需要为每个项目或每个事件做一个标记就行。

\ = 1 |||| = 4 |||| = 5

6

划四条线表示前四个项目，穿过前四条线划一条线表示第五个项目。这样后面计算起来会更方便。

该标记表示（2 × 5）+ 3 = 13

如果用频数表来计数的话，你可以将数写到表中的最后一列。例如，下面的表格表示两个队员在冰岛探险中所耗费的天数。

姓名	探险耗费天数	频数
爱丽丝		16
加布里埃尔		22

〉算一算

第一个表格显示了冰岛有名的间歇泉区一周内每天喷发的次数。

	喷发计数	喷发频数
周一	卌 ||	
周二	|||||	
周三	卌	
周四	||||	
周五	|||||	

第二个表格显示了每天发生特定喷发次数的天数。

天数	每天的喷发次数
2	6
3	4
4	3
5	2

1. 在第一个表格中，喷发频数（次数）为 4 的天数是多少?

2. 请在你的笔记本上将第一个表格画出来，然后在最后一列填入间歇泉区每天的喷发次数。

3. 第二个表格一共记录了多少天的喷发情况?

4. 第二个表格一共记录了多少次喷发?

5. 如果需要将数据做成一个图表，哪一种图表更合适呢? 是条形图、饼状图还是折线图? 为什么?

寻找化石

这一站你来到了蒙古国，在这里，人们发现了很多恐龙化石。你的任务是代表博物馆去购买一些恐龙化石回国，以供家乡的博物馆展览使用。

学一学 和金钱 打交道

学习和金钱打交道，就跟与小数打交道是一样的。

你的钱是有限的，所以你在做事前需要先做预算。在本次旅程中，除了要购买化石，你还有 20 英镑（货币符号 £）可以用来购买寻找化石旅途中所需的物资。你列出了一个拟购买的物资清单。

若购买清单上面的所有物品需要花费 £24.32，而你手里的钱不足以支付所有物品的费用。你需要至少削减 £4.32 的开支，例如你可以不买急救箱和工具，或者不买水。

如果你用一张面值 £20 的纸币来支付食物和水的话，那么你将得到：

20 −（10.99 + 7.95）= £1.06 找回的零钱

物资费用清单

急救箱	£ 2.4
食物	£ 10.99
水	£ 7.95
工具	£ 2.98
总计	£ 24.32

〉算一算

以下是不同恐龙化石的价格。

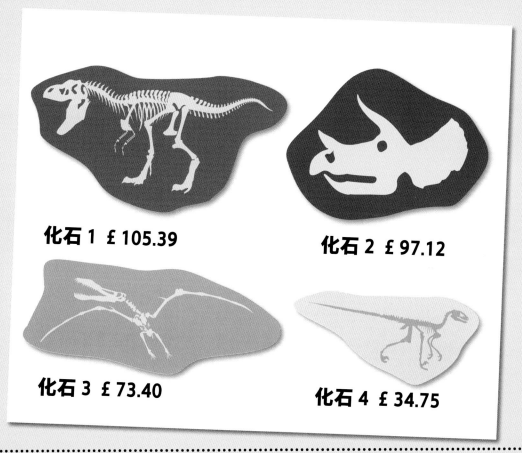

化石 1 £ 105.39

化石 2 £ 97.12

化石 3 £ 73.40

化石 4 £ 34.75

1 化石 1 和化石 2 的价格相差多少?

2 哪种化石最便宜?

3 假设你有 £ 200, 那么你最多可以购买多少块不同的化石?

4 假设你决定购买化石 2 和化石 4, 那么每块化石的价格四舍五入到十位应该是多少?

5 假设你用 7 张面值 £ 20 的纸币购买化石 2 和化石 4, 那么你能找回多少零钱?

把化石带回国

你已经买好了化石，现在需要想想它们会占多少地方；以及需要用几个纸箱打包，才能带着它们一起乘飞机回国。

体积指的是一个三维物体所占空间的大小。常用的体积单位有立方米（m^3）、立方厘米（cm^3）等。

10

假设一个图形是由棱长为 1 米的立方体（正方体）组成的，那么你可以通过计算立方体的数量来求出该图形的体积。

立方体的体积
= 棱长 × 棱长 × 棱长

该图形由 6 个立方体组成。分为 2 排，每排有 3 个立方体。那么该图形的面积为：

$1 × 1 × 1 = 1 (m^3)$

$2 × 3 = 6 (m^3)$

该图形的体积为 3 个小立方体的体积之和。

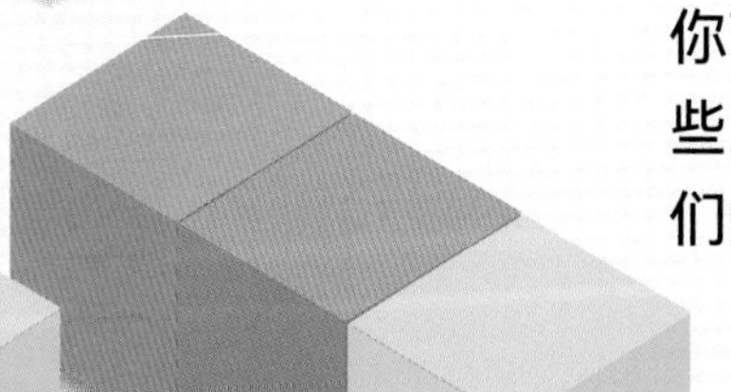

你可以重新摆放这些立方体，但是它们的总体积不变。

图形的体积计算应用很广，经常用于解决实际问题。假设每个立方体是一个装有 12 块化石的箱子，那么你可以计算出化石的总数。

这个图形代表的箱子一共能装化石的数量为：

3 × 12 = 36（块）。

〉算一算

你购买的所有需要带回国的化石，都已经装箱打包并堆放好。已知每个箱子的体积为 $1m^3$。

核对表

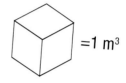 =1 m³

立方体的数量？

办理托运

运输费用 每立方米 £ 2.12

① 你需要为这些打包好的化石办理托运。请问这些箱子的总体积是多少？

② 托运这些箱子的成本为每立方米 £ 2.12，请问一共需要花费多少钱？

③ 假如你站在这堆箱子短边位置的话，这堆箱子看起来是什么样子？请在你的笔记本中画出来。

④ 请画一个与上图形状不同、体积相同的图形。

庞贝宝石

你此刻正在参观位于意大利的庞贝古城。这座古城在公元 79 年被爆发的维苏威火山埋在了火山灰中。你发现这里的一些记录使用的是罗马数字，而不是如今常用的阿拉伯数字。

学一学 罗马数字

与如今使用的记数制不同，古罗马人使用字母来表示数。

1	I
5	V
10	X
50	L
100	C
500	D
1000	M

他们用字母组合来表示数。数到 3 很容易：

I, II, III

但是他们在表示一个数时，最多只用 3 个相同的字母，比如 III。

"4" 用 "5 – 1" 来表示，将 "I" 放到 "V" 前面表示减掉了一个：

4 = IV

大于 5 的数字用 "V" 和 "I" 表示。将表示较大数的字母放在最前面：

VI (5 + 1 = 6), VII (5 + 2 = 7), VIII (5 + 3 = 8)

当你连续用了 3 个相同的字母时，再往后数就需要用 "去 1" 的方法了。

所以 "9" 用 "10-1" 来表示，也就是 "IX"：

9 = IX (10 – 1 = 9)

大数写出来会非常长。
例如：
39=XXXIX
388=CCCLXXXVIII

$$XXX（30）+ IX（10 - 1 = 9）$$

$$CCC（3 × 100）+ L（50）+ XXX$$
$$（3 × 10）+ V（5）+ III（3 × 1）$$

这些数展示了一些规律：

1, 2, 3	I, II, III	40	XL (= 50 – 10)
4	IV	50	L
5	V	60, 70, 80	LX, LXX, LXXX
6, 7, 8	VI, VII, VIII	90	XC (= 100 – 10)
9, 10	IX, X	99	XCIX (= 100 – 10 + 10 – 1)
11, 12, 13	XI, XII, XIII	100	C
14, 15	XIV, XV	201	CCI
19, 20	XIX, XX	437	CDXXXVII
30	XXX	500	D

〉算一算

你发现了一块罗马宝石商人记账的石板，石板上的数字表示了不同宝石的销售和库存情况。

项目	库存量	销售量
钻石	XL	XXIX
绿宝石	XCIV	
红宝石	XXXVI	XXXVI
珍珠	CCLV	

1 请问宝石商人的珍珠库存量是多少？

2 有多少钻石没有卖出去？

3 假如这位商人卖出了所有的红宝石，他打算下次准备 2 倍的红宝石。请问他要在石板上怎么记录红宝石数量呢？

4 宝石商人在表中没有写绿宝石的销售情况，但是在店里发现了 15 颗绿宝石。请问他卖出了多少颗绿宝石？用罗马数字如何表示？

火山威胁

现在你为了研究活火山，来到了印度尼西亚。你需要测量并绘制该地区的地图，来估算火山喷发的波及范围。

学一学 比例尺

比例尺绘图或者地图，表示的是一个真实场景被缩小或者放大后的图像。

地图中通常使用比例尺来表示该地图使用的比例。通过测量地图上的距离，你可以准确地知道你实际行走的距离。为了计算出实际距离，只需要用图上距离乘比例尺的分母即可。

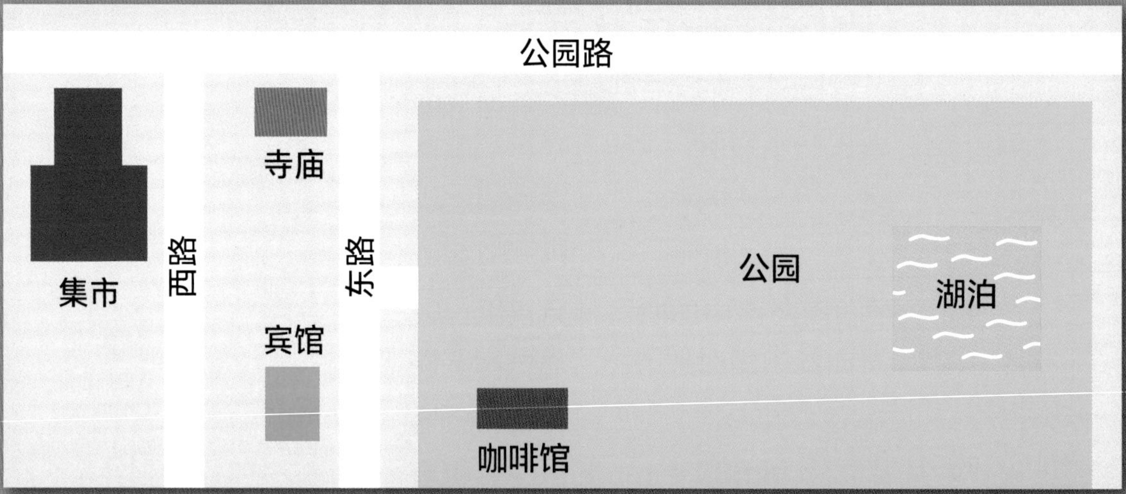

该地图的比例尺为 1:10000。用直尺测量地图中两地间的距离，再乘 10000，可以得出两地间的实际距离。例如，地图中湖泊宽 2 cm（厘米），那么真实生活中它应该是：

$$2 × 10000 = 20000cm = 200m$$

〉算一算

该地图标记了火山的位置。你想帮助当地村民，看看火山爆发是否会威胁到他们。已知如果火山喷发，周边 50 km（千米）以内均有危险。

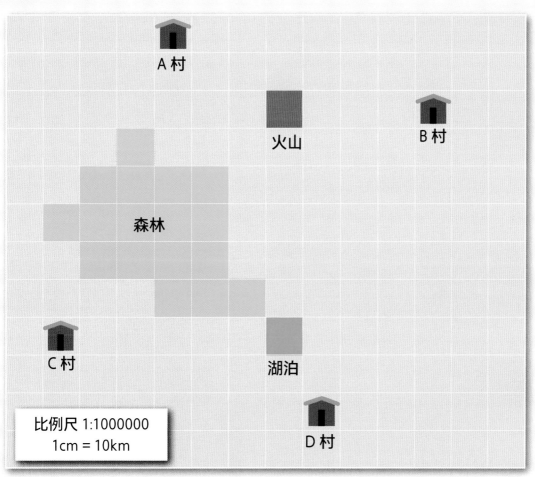

比例尺 1:1000000
1cm = 10km

1 假如火山爆发，图中哪些村庄会有危险？

2 请问火山距离湖泊有多远（请四舍五入到十位）？

3 已知每个小方块的面积为 100 km²（平方千米）。请问森林的覆盖面积为多少？

4 假设森林里每平方千米有 5000 棵树，那么森林里每个方块内有多少棵树？

5 请问整个森林一共有多少棵树？

冰山融化

为了解全球变暖对冰川融化速度的影响，你冒险来到了寒冷的喜马拉雅山。

学一学 除法

除法能帮你计算平均分几份和剩余数量的问题。你可以将除法理解为多次从一个数中取走另一个数，直到前一个数变为 0。

你可以分 4 次从 48 中取走 12，也就是：48 ÷ 12 = 4

$$48 - 12 = 36$$
$$36 - 12 = 24$$
$$24 - 12 = 12$$
$$12 - 12 = 0$$

16

除法跟乘法刚好相反。

因为48 ÷ 12 = 4，所以 4 × 12 = 48

如果数较大，求解比较难，你可以将这个数进行分解。例如，你想计算 2520 除以 7。

首先将两个数写成这样：

$$7\overline{)2520}$$

试着用最高位上的数除以 7，2 ÷ 7 不够除。

再试着用前两位数除以 7，25 ÷ 7，因为 7 × 3 = 21，所以需要从 25 中取 3 次 7。

$$\begin{array}{r} 3 \\ 7\overline{)2520} \\ 21 \end{array}$$

将 "3" 放到除号的上面，将 "21" 放到 "25" 的下面。

为了得到余数，要进行减法运算：25 − 21 = 4

$$7\overline{)2520}$$
$$\begin{array}{r} 3 \\ 7\overline{)2520} \\ 21 \\ \hline 4 \end{array}$$

接着将下一位数 2 放到 4 的右边写成 42。

$$\begin{array}{r} 3 \\ 7\overline{)2520} \\ 21 \\ \hline 42 \end{array}$$

42 刚好能被 7 整除得到 6，余数为 0。

$$\begin{array}{r} 36 \\ 7\overline{)2520} \\ 21 \\ \hline 42 \\ 42 \\ \hline 0 \end{array}$$

然后到了最后一位数 0，7 不能从 0 中得到，所以在除号上面写上 0。

$$\begin{array}{r} 360 \\ 7\overline{)2520} \\ 21 \\ \hline 42 \\ 42 \\ \hline 0 \end{array}$$

最终答案就是 360。你可以通过乘法运算来检验结果是否准确，7 × 360 = 2520。

〉算一算

在你停留在喜马拉雅山的这段时间里，冰川共融化成约 43740 升水。

1. 假设这些水是冰川在 9 天内融化掉的，请问平均每天融化多少升？

2. 你发现之前得到的信息是错误的。实际上这些水是在 90 天内融化的，请问冰川平均每天的融化量为多少升？

3. 已知冰川融化的水可供 60 户家庭使用，请问每个家庭平均每天可以使用的水量为多少升？

4. 如果冰川融化速度过快，可能会引发洪涝。为了防止出现洪涝，需要挖 2 条渠道排水。请问每条渠道平均每天的排水量为多少？

5. 假设今后每条渠道的水，用于浇灌 3 块农田，请问每块农田平均每天可以获得多少水量？

17

越来越冷

为了调查气候变化，尤其是气温变化，你来到了格陵兰岛。格陵兰岛十分寒冷，年平均气温不足 0℃（摄氏度）。

**学一学
正负数**

负数指的是小于 0 的数，正数指的是大于 0 的数。

18

在一个数轴上，负数是指位于 0 左边的数，正数是指位于 0 右边的数。

-10 -9 -8 -7 -6 -5 -4 -3 -2 -1 **0** 1 2 3 4 5 6 7 8 9 10

负数　　　　　　　　　　　　正数

有的算式结果小于 0，也就是结果为负数。例如，3 减去 5 结果为 -2。通过数轴的方式可以很直观地看出来：

-10 -9 -8 -7 -6 -5 -4 -3 -2 -1 **0** 1 2 3 4 5 6 7 8 9 10

$$3 - 5 = -2$$

数轴左边的数比右边的数小。数轴越往左，数越小，所以 –7 比 –3 小。数轴越往右，数越大。

-10 -9 -8 -7 -6 -5 -4 -3 -2 -1 **0** 1 2 3 4 5 6 7 8 9 10

–10 到 10 区间

这条数轴表示的是从 –10 到 10 的区间。

〉算一算

格陵兰岛的气温十分低，所以你用的温度计上面的刻度值有负数。

-20 -19 -18 -17 -16 -15 -14 -13 -12 -11 -10 -9 -8 -7 -6 -5 -4 -3 -2 -1 0 1 2 3 4 5

19

1 已知现在的气温为 3℃，夜间可能降至 –11℃。请问两者温差为多少？

2 有的时候气温甚至会降到低于 –15℃。请问温度计上显示的温度中，比 –15℃ 低的有多少个？

3 已知昨天白天不同时段的气温为：–8℃，–1℃，4℃，–3℃。请问昨天白天最高气温为多少？

4 请问昨天白天最低气温为多少？

5 请问昨天白天记录的气温数据，最大温差为多少？

季风期

这一站你来到了菲律宾，这里正值雨季，是季风期。每年的这个时候都会出现持续性强降雨天气。

学一学 统计表

统计表是一种利用图标表示不同类别的数据或者测量结果的表格。通过统计表可以直观地对数据进行比较。

这个统计表利用图标表示了过去 24 小时内不同时段的天气情况：

24 小时天气预报

凌晨1:00– 上午8:00							
上午9:00– 下午4:00							
下午5:00– 凌晨0:00							

通过本表可以看出在过去 24 小时中，有 6 个小时出太阳，有 4 个小时在下雨，还有 14 个小时为多云天气。

统计表不能直观地看出具体的数。假如出太阳的时间为 40 分钟，你可能需要画一个 $\frac{2}{3}$ 的太阳，但是视觉上看起来只是比半个太阳大一点儿。你在画统计表的时候，需要仔细选择如何用图标表示数。你需要用不同的图标表示不同的事物，但是如果图标种类过多会使统计表看起来比较混乱。

⟩ 算一算

你正在参观一个科研站，站里的科学家们记录了过去几周的降雨情况，并基于此画了一个统计表。

	降雨量（cm）
第1周	☁☁☁☁☁☁
第2周	☁☁☁☁☁☁☁☁☁◗
第3周	☁☁☁☁☁☁☁☁
第4周	

☁ = 1 cm的降雨量

① 请问第 2 周的降雨量为多少？

② 请问前 3 周的总降雨量为多少？

③ 已知第 4 周的降雨量为 7.5 cm，请在你的笔记本上将正确的降雨量画在最后一行。

④ 已知第 5 周的降雨情况如下：

周一	1.3cm	周五	1.1cm
周二	0.8cm	周六	0.9cm
周三	1.2cm	周日	1.0cm
周四	1.4cm		

请画一个统计表描述第 5 周的降雨情况，假设每个云雨图标表示 0.2 cm 的降雨量。

暴风雪！

你现在被暴风雪困在了南极洲，这里的天气很糟糕，没法马上离开。你的团队发现了一些图表，显示了该地区未来的天气变化情况。

学一学 折线图

统计图包含多种类型，其中折线图更适合表示连续变化的数据，即一段时间内记录的不断变化、可读取的数。

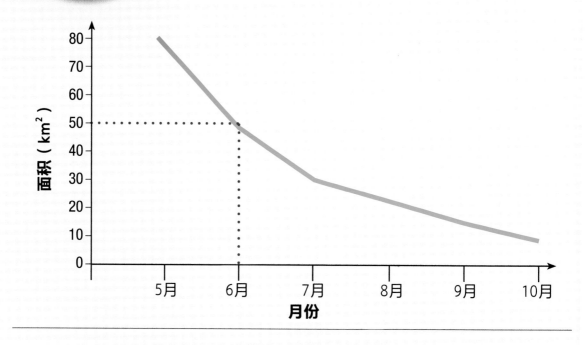

这张折线图记录了一座冰山在融化时的面积变化情况。冰山并不是一下子就融化成很小的尺寸，而是随着时间推进不断融化的。例如，在折线图 6 月的位置，用直尺平行于纵轴和横轴分别画一条线，可以得到这个月冰山的面积，6 月冰山的面积为 $50km^2$。

〉算一算

你的团队发现了一张气温变化折线图，还有一张冰山数量统计图。

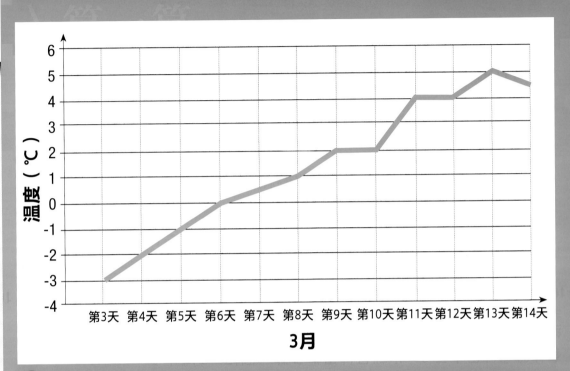

1 请问 3 月 9 日的气温为多少？

2 当气温达到 4℃或以上时，你就可以动身了，请问哪一天你可以动身？

3 请问预测到的最高气温为多少？

4 请问在周几你看到的冰山数量最多？

5 请问从周一到周四，你一共可以看到多少座冰山？

6 已知周五你能看到 3 座冰山，那么请问周一到周五内你一共看到了多少座冰山？

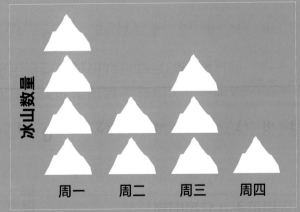

深海潜水

为了弄清楚澳大利亚悉尼市海域的珊瑚是如何在暗礁里生长的，你乘坐潜水艇来到了海底。在这里，你特意记录了珊瑚的不同形状。

学一学 平面图形和立体图形

平面图形指的是二维图形。例如我们熟悉的三角形，就是一种平面图形。

三角形

24

由不在同一条直线上的四条线段首尾顺次相接围成的平面图形叫作四边形。四个角都是直角的四边形是正方形或者长方形。正方形的四条边都相等。除正方形、长方形外，四边形还包括平行四边形（包含菱形）、梯形和不规则四边形。

正方形　　平行四边形

梯形　　　菱形

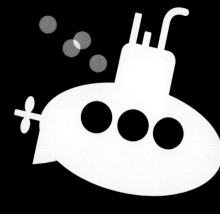

五边形　　六边形

七边形　　八边形

轮廓为曲线的规则图形可以是圆形或者椭圆形。

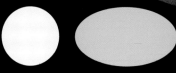

圆形　　椭圆形

立体图形指的是三维图形。下面是一些规则的立体图形。

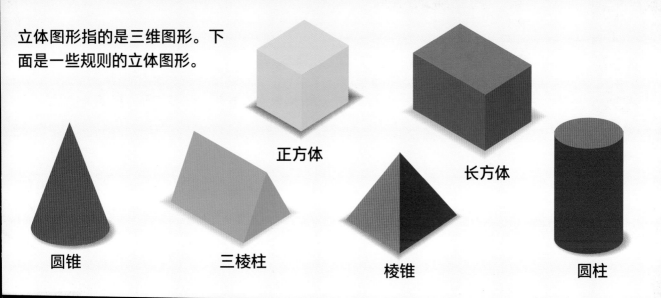

圆锥

正方体

长方体

三棱柱

棱锥

圆柱

〉算一算

此时你正坐在潜水艇里，查看珊瑚礁里两个区域的珊瑚形状。

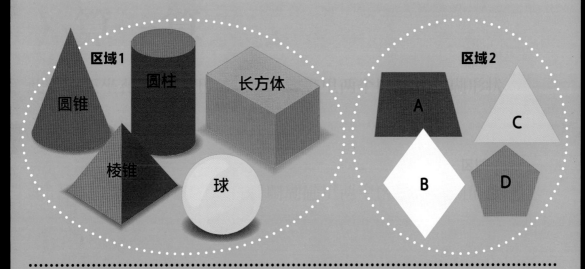

区域1

圆锥

圆柱

长方体

棱锥

球

区域2

A

C

B

D

1 区域1内的一只珊瑚有圆形的底座，越往上越窄最后变成了一个点。请问该珊瑚对应图中的哪个图形？

2 区域1内另一只珊瑚上下两面的边均为直线，前后两个面的长要大于左右两面的长。请问它对应图中的哪个图形？

3 区域2内的4个二维图形表示的是生长中的珊瑚。请问哪只珊瑚是菱形的？

4 请问区域2中所有珊瑚的边加起来有多少条？

5 请问区域2中哪只珊瑚有5条边？

世界时间

你的旅程到此结束了，此刻的你正在整理笔记。

你需要计算出环游世界之旅中的一些细节信息。

我们可以通过指针时钟或者数字时钟知道当前的时间。

数字时钟有 12 小时制的，也有 24 小时制的。指针时钟是 12 小时制的，它的表盘刻度是从 1 到 12。24 小时制数字时钟显示从 0 点到 24 点的时间。

指针时钟（12 小时制）
下午 3:40

数字时钟（24 小时制）
15:40

由于地球自西向东自转，地球上各地日出日落的时间出现了差异，因而世界各地不能使用同一个时间。于是科学家把全球划分为 24 个时区，东、西各 12 个时区。每个时区在地理上跨越经度 15 度，同一时区内使用统一的时间；相邻的两个时区在时间上相差 1 个小时。

伦敦位于 0 时区，雅典位于东二区，纽约位于西五区。当伦敦显示时间为正午 12:00 时，纽约时间要在伦敦时间的基础上减去 5 小时（更慢一些），也就是说纽约时间为早上 7:00。对于雅典来说，要在伦敦时间的基础上增加 2 小时（更快一些），也就是说雅典时间为 14:00（即下午 2:00）。

例如，假设你早上 10:00 从雅典出发去伦敦，已知从雅典飞到伦敦需要 5 个小时。为了知道你抵达伦敦的时间，你需要考虑从中减去 2 小时（时差），然后再加上 5 小时（飞行时间）。

离开雅典		抵达伦敦（加 5 小时）	
雅典时间	伦敦时间	雅典时间	伦敦时间
10:00	08:00	15:00	13:00

》算一算

你到达过世界上多个国家，在很多城市停留。现在列出了你到过的国家和城市所在的时区：芝加哥位于西六区，冰岛位于 0 时区，伦敦位于 0 时区，庞贝位于东一区，雅典位于东二区，中国位于东八区，印度尼西亚位于东八区，悉尼位于东十区。

① 已知你抵达印度尼西亚的时间为下午 3:00，请问此时庞贝的时间是几点？

② 已知你抵达悉尼的时间为下午 5:30（当地时间），并给一位在芝加哥的朋友通了电话。请问此时芝加哥是几点（本题不考虑冬令时和夏令时的问题）？

③ 已知中国距离冰岛约 8000 km，假设飞机飞行速度为每小时 800 km，请问从中

国飞到冰岛需要多久？

④ 假设你坐早上 6 点（当地时间）的航班从中国飞往冰岛，请问你抵达冰岛的时间为几点（当地时间）？

⑤ 你的手机时间显示的是 24 小时制，请记录下你从中国起飞的出发时间（当地时间）以及抵达冰岛的时间（当地时间）？

参考答案

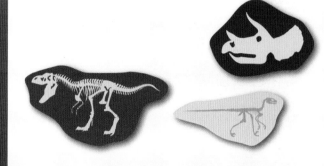

4—5 环游世界

1. 1871 年

2. 1602 年

3. 242419 > 234117

  234117 < 239022

  251991 < 268712

4. 251991

5. 1721 年

6.
年份	总人口数
2008	234568
1919	243159
1871	243241
1602	257699
1721	271024

6—7 间歇泉

1. 两天：周二和周五。

2.

	计数法	频数
周一	卌 ‖	7
周二	‖‖	4
周三	卌	5
周四	‖‖	3
周五	‖‖	4

3. 2 + 3 + 4 + 5 = 14（天）

4. (2 × 6) + (3 × 4) + (4 × 3) + (5 × 2) = 12 + 12 + 12 + 10 = 46（次）

5. 选择条形图更好，因为条形图能够直观地显示出不同条目的数据。

8—9　寻找化石

1. 105.39 − 97.12 = £ 8.27

2. 化石 4

3. 两块。因为最便宜的三种化石
   需要花费 £ 205.27。

4. 化石 2：£ 97.12 ≈ £ 100；
   化石 4：£ 34.75 ≈ £ 30。

5. 金钱总额：
   7 × 20 = £ 140
   一块化石 2 和一块化石 4 的
   费用：
   97.12 + 34.75 = £ 131.87
   找回的零钱：
   140 − 131.87 = £ 8.13

10—11　把化石带回国

1. 2 × 2 × 3 =12（m³）

2. 2.12 × 12 = £ 25.44

3.

4. 以下列举了一些样例，除此之
   外还有很多其他的组合样式：

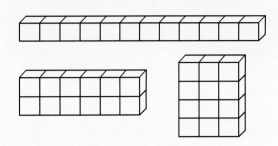

12—13　庞贝宝石

1. 255 颗

2. 40 − 29 = 11（颗）

3. 因为 2 × 36 = 72（颗），所以
   他记录的是 LXXII。

4. 因为绿宝石的库存量为 94 颗，
   所以他卖出去的绿宝石量为
   94 − 15 = 79（颗），用罗马数
   字表示是 LXXIX。

14—15　火山威胁

1. A 村和 B 村。

2. 两地距离为 50 km。

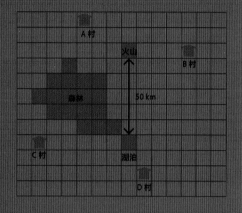

3. 17 × 100 = 1700（km²）

4. 100 × 5000 = 500000（棵）

5. 1700 × 5000 = 8500000（棵）

16—17　冰山融化

1. 43740 ÷ 9 = 4860（升）

2. 43740 ÷ 90 = 486（升）

3. 486 ÷ 60 = 8.1（升）

4. 486 ÷ 2 = 243（升）

5. 243 ÷ 3 = 81（升）

1.
$$\begin{array}{r} 4860 \\ 9\overline{)43740} \\ 36 \\ \hline 77 \\ 72 \\ \hline 54 \\ 54 \\ \hline 0 \end{array}$$

2.
$$\begin{array}{r} 486 \\ 90\overline{)43740} \\ 360 \\ \hline 774 \\ 720 \\ \hline 540 \\ 540 \\ \hline 0 \end{array}$$

3.
$$\begin{array}{r} 8.1 \\ 60\overline{)486} \\ 480 \\ \hline 60 \\ 60 \\ \hline 0 \end{array}$$

4.
$$\begin{array}{r} 243 \\ 2\overline{)486} \\ 4 \\ \hline 8 \\ 8 \\ \hline 6 \\ 6 \\ \hline 0 \end{array}$$

5.
$$\begin{array}{r} 81 \\ 3\overline{)243} \\ 24 \\ \hline 3 \\ 3 \\ \hline 0 \end{array}$$

18—19　越来越冷

1. 3℃和 −11℃的温差为 14℃。

2. 温度计的最低温度为 −20℃，因为 20 − 15 = 5，所以 −15℃以下还有 5 个温度。

3. 最高气温为 4℃。

4. 最低气温为 −8℃。

5. 从 4℃到 −8℃的区间变化为 12℃。

20—21   季风期

1. 8.5 厘米

2. 6 + 8.5 + 7 = 21.5（厘米）

3.

4.

周一：

周二：

周三：

周四：

周五：

周六：

周日：

24—25   深海潜水

1. 圆锥

2. 长方体

3. 珊瑚 B

4. 4 + 4 + 3 + 5 = 16（条）

5. 珊瑚 D

22—23   暴风雪！

1. 2℃

2. 第 11 天

3. 5℃

4. 周一

5. 4 + 2 + 3 + 1 = 10（座）

6. 10 + 3 = 13（座）

26—27   世界时间

1. 下午 3:00 −7 小时 = 早上 8:00

2. 17:30 − 16 小时 = 凌晨 1:30

3. 8000 ÷ 800 = 10（小时）

4. 早上 6:00（出发时间）+ 10 小时（飞行时间）− 8 小时（时差）= 早上 8:00

5. 离开时间是 6:00，到达时间是 8:00。

图书在版编目（CIP）数据

"算出"数学思维 /（英）安妮·鲁尼,（英）希拉里·科尔,（英）史蒂夫·米尔斯著 ; 肖春霞等译 . -- 福州 : 海峡书局 , 2023.3

ISBN 978-7-5567-1033-1

Ⅰ . ①算… Ⅱ . ①安… ②希… ③史… ④肖… Ⅲ . ①数学—少儿读物 Ⅳ . ① O1-49

中国国家版本馆 CIP 数据核字 (2023) 第 018758 号

著作权合同登记号　图字：13—2022—059 号

GO FIGURE series: a maths journey through planet earth

Text by Anne Rooney

First published in 2014 by Wayland

Simplified Chinese translation edition is published by Ginkgo (Shanghai) Book Co., Ltd.

本书中文简体版权归属于银杏树下（上海）图书有限责任公司